CONGRÈS DES SOCIÉTÉS SAVANTES.

DISCOURS

PRONONCÉS

À LA SÉANCE GÉNÉRALE DU CONGRÈS

LE SAMEDI 11 JUIN 1892,

PAR

M. JANSSEN,

MEMBRE DE L'INSTITUT,

ET

M. LÉON BOURGEOIS,

MINISTRE DE L'INSTRUCTION PUBLIQUE ET DES BEAUX-ARTS.

PARIS.

IMPRIMERIE NATIONALE.

M DCCC XCII.

DISCOURS

PRONONCÉS

À LA SÉANCE GÉNÉRALE DU CONGRÈS

LE SAMEDI 11 JUIN 1892.

DISCOURS DE M. JANSSEN.

DISCOURS DE M. JANSSEN.

Monsieur le Ministre,

Messieurs,

Le domaine entier offert à l'activité de l'homme sur le globe où il a été jeté pour en faire la conquête affecte trois états différents qui sont les états mêmes sous lesquels la matière se présente à nous; il est de nature solide, liquide, gazeuse.

C'est sur la croûte solide du globe que l'homme est apparu; c'est pour y vivre et s'y développer qu'il a été formé, et la disposition de son corps et de ses organes a été appropriée à cette fin.

Aussi est-ce sur cet élément que l'homme a pris sa racine et son appui; est-ce là qu'il a grandi, qu'il s'est développé et qu'il a subi les phases si longues qui devaient le conduire de l'état sauvage primitif jusqu'à ces hauts degrés de civilisation que nous offrent l'Orient dans l'antiquité, l'Occident dans les temps modernes.

Mais si l'homme est avant tout un enfant de la terre, il a cherché de très bonne heure à étendre son domaine par la conquête de l'élément liquide.

Ses essais de navigation remontent aux premiers âges. Le fleuve s'opposait au passage d'une rive à l'autre, ou bien il offrait un moyen facile de se transporter à de grandes distances; il fallait donc le traverser ou naviguer à sa surface. Les troncs d'arbres arrachés des rives par les eaux en donnaient l'idée et en offraient le moyen, et voilà la navigation qui se crée et le second domaine offert à la conquête de l'homme.

Mais si la navigation, dans ses premiers essais au moins, paraît dater de l'apparition de l'homme, ses progrès ont été bien lents et sont restés liés à l'état de l'industrie et aux besoins plus ou moins grands de commerce et de communications maritimes des sociétés humaines. C'est ainsi que les Chinois, dont la civilisation est cependant si ancienne et si avancée, ne savaient construire que des jonques que les gros temps mettaient en pièces, tandis que les Océaniens, montés sur de magnifiques pirogues de guerre, franchissaient sur le Pacifique d'énormes espaces et s'orientaient par des moyens qui nous sont restés inconnus.

L'homme a donc pris de très bonne heure possession du domaine liquide, tandis qu'il est encore aux premiers pas qui doivent le conduire à la conquête de l'élément gazeux. C'est que l'homme a trouvé de suite dans les corps flottants des exemples et des auxiliaires qui l'ont immédiatement servi. Il en fut tout autrement pour l'atmosphère. Les oiseaux qui la parcourent ne peuvent être pratiquement utilisés et les exemples de vol qu'ils nous offrent ne peuvent être instructifs et féconds que pour ceux qui possèdent la science; pour les autres, il n'est que décevant et ne conduit qu'aux catastrophes, ainsi que l'histoire nous en offre tant d'exemples.

Il semble même que ce sont ces tentatives de vol nécessairement malheureuses dans l'antiquité et ces désastres sur mer également inséparables d'une navigation peu savante et mal pourvue, qui avaient amené cette croyance que l'homme, en voulant franchir les mers et s'emparer des airs, s'élevait contre la volonté des dieux et commettait des actes sacrilèges.

Horace, dans l'ode si belle où il recommande aux divinités de la mer son ami Virgile, « cette moitié de lui-même », et le vaisseau qui l'emporte vers les rives de l'Attique, se fait l'écho de cette croyance et déplore l'audace impie de la race humaine.

« Il avait, dit-il, un cœur formé du chêne le plus dur et trois fois cuirassé de bronze celui qui le premier osa confier un frêle esquif à la fureur des flots, qui ne redouta ni le vent impétueux d'Afrique ni la rage des vents du midi, qui contempla d'un œil tranquille les monstres marins, la mer gonflée de courroux et ces rochers acrocéroniens fameux par tant de naufrages.

« C'est donc en vain, poursuit-il, que la sagesse éternelle voulut séparer par un inviolable océan les différentes parties de la terre, si des navires impies osent franchir ces barrières sacrées.

« La race humaine, que rien n'effraye, se jette avec fureur sur tout ce qui lui fut défendu. L'audacieux fils de Japet dérobe le feu céleste et vient l'apporter aux mortels. Dédale, avec des ailes refusées à l'homme, se confie hardiment au vide des airs. Hercule force le Tartare. Rien n'est impossible aux mortels. Bientôt nous demanderons le ciel lui-même dans notre démence, et nos crimes ne laissent pas reposer la foudre entre les mains irritées du maître des dieux. »

Que dirait Horace aujourd'hui ?

Élèverait-il encore plus haut son indignation, ou bien, en présence de tant de merveilles, de tant de progrès réalisés, aussi bien dans l'ordre moral que dans l'ordre physique, ne serait-il pas plutôt désarmé et forcé de reconnaître que cette activité et ces conquêtes ne sont pas impies et qu'en les accomplissant l'homme ne fait, au contraire, qu'obéir à un instinct supérieur qui l'oblige à user des facultés qu'il a reçues pour les employer à s'élever dans l'échelle intellectuelle et morale des êtres et accomplir par là un dessein d'ordre divin dans le plan général de l'univers ?

Laissons donc l'homme suivre sa destinée, et voyons comment il a enfin réussi à résoudre la première partie du problème de l'atmosphère.

On peut dire qu'au moment où Joseph Montgolfier fit sa première expérience, la question était mûre. On peut même ajouter que c'est la persistance des expérimentateurs à chercher la solution dans l'imitation du vol des oiseaux, qui l'avait tant retardée.

Sans doute il paraissait bien naturel à ceux qui voulaient s'élever et se diriger dans les airs de chercher à s'armer des organes des êtres que la nature a si admirablement formés pour cette fin et qu'ils avaient constamment sous les yeux.

Il y avait là cependant une faute de direction scientifique que l'histoire des inventions de l'homme met en pleine lumière.

En effet, si la navigation, — pour prendre un exemple très voisin de notre sujet, — si la navigation, dis-je, a emprunté à l'origine quelques principes à la natation des êtres aquatiques, elle n'a dû ses grands progrès qu'à l'emploi d'engins spéciaux créés par la science mécanique, sans rapports directs avec les organes des poissons et mettant en œuvre des forces spéciales que l'homme s'est appropriées. C'est ainsi qu'aujourd'hui nos grands navires de guerre ou de commerce sont mus par un organe d'ordre purement mécanique, l'hélice, empruntant sa force aux radiations solaires accumulées pendant les longs âges géologiques. C'est encore ainsi que quand l'homme a voulu se donner une progression puissante et rapide, il l'a trouvée non plus dans l'utilisation de la force des animaux, mais dans la création de ces machines mues par la vapeur et qui emportent des populations entières avec la vitesse des anciens projectiles. Sans doute le problème de l'aviation n'est pas insoluble, mais il n'était pas mûr à l'époque des Montgolfier. Il exigera pour sa solution l'emploi de forces nouvelles ou tout au moins un nouvel emploi des forces connues et mises au service d'engins créés par une science de la mécanique des fluides qui ne fait que débuter.

Au contraire, le problème de l'aérostation, c'est-à-dire celui de s'élever et de flotter dans l'atmosphère, ne demandait que l'emploi des appareils les plus simples. Une enveloppe assez légère contenant un gaz ou une vapeur spécifiquement plus légers que l'air ambiant.

Joseph Montgolfier eut le grand mérite de chercher dans la voie où il fallait d'abord entrer : voie tout ouverte, voie qui attendait en quelque sorte depuis Archimède son expérimentateur et où le succès devait couronner les premiers efforts.

Ce fut ce qui arriva. L'expérience secrète du cube de taffetas à Avignon, celle du ballon de grandeur médiocre à Annonay, enfin l'expérience publique devant les États du Vivarais assemblés se succédèrent naturellement et sans autres changements que celui de la différence des échelles.

Mais le mérite de Montgolfier n'est pas diminué par la facilité de ces heureux débuts. C'est le propre même du génie de sentir par un instinct secret dans quelle direction il doit porter ses efforts, et plus le succès est prompt et éclatant, plus il a prouvé sa clairvoyance et sa justesse.

Je ne referai pas ici l'histoire de ces premiers débuts de l'aérostatique. Elle est dans toutes les mémoires. On sait quel enthousiasme cette découverte si mûre et cependant si inattendue excita partout. On sait avec quelle ardeur on construisit les nouvelles machines et avec quelle avidité on se donnait le spectacle de leur enlèvement.

Ces montgolfières montant majestueusement dans les airs, planant au-dessus des villes, des fleuves, des campagnes et allant doucement déposer à terre les voyageurs qu'elles avaient emportés, ne pouvaient lasser la curiorité, l'étonnement, l'admiration. Aussi l'année 1783, à jamais célèbre dans l'histoire des inventions humaines, n'était-elle pas écoulée que l'aérostation était complètement créée, car Charles, physicien de grand mérite, avait de son côté inventé le ballon à gaz hydrogène et l'avait doté, sauf le guiderope, de tous les organes dont nous nous servons aujourd'hui.

Cependant cet enthousiasme si grand et si légitime ne se soutint pas. D'une part, de regrettables accidents et, ensuite, des essais nombreux et infructueux de direction amenèrent une sorte de désenchantement à l'égard de la nouvelle découverte. La grande Révolution qui éclatait bientôt imprimait d'ailleurs à l'aérostation une direction toute nouvelle.

La nation, en effet, cherchant partout des auxiliaires pour la défense du sol, s'empara de l'aérostation et en fit un instrument de guerre.

Non seulement il ne fut plus question de la direction des aérostats, mais les ascensions libres elles-mêmes se convertirent en ascensions captives destinées à servir les reconnaissances militaires.

Dans cette voie toute patriotique nous trouvons les noms de Coutelle et Conté qui ont laissé un souvenir glorieux.

Ici, Messieurs, les études aérostatiques vont subir un long temps d'arrêt. Après la République, qui ne fit qu'utiliser les ballons pour ses guerres, l'Empire, qui lui succéda, les délaissa complètement. Les ascensions justement célèbres de Robertson, de Biot et de Gay-Lussac n'étaient elles-mêmes qu'une belle utilisation des ballons pour les études scientifiques et il faut franchir plus de la moitié de notre siècle pour rencontrer une reprise sérieuse des études aéronautiques.

Elle est due à un de nos plus grands ingénieurs, Henry Giffard, auquel nous devons de belles inventions, et qui eut un amour et une sollicitude toujours éveillés pour les sciences qu'il sert encore après sa mort par ses legs généreux et magnifiques.

Henry Giffard veut appliquer la vapeur à l'aérostation. Il construit un ballon de forme allongée, l'arme de tous ses organes et actionne son hélice par une machine à vapeur. Tout étant prêt et ne voulant exposer que lui dans un premier essai, il s'élève seul sur sa machine et exécute imperturbablement différentes manœuvres; il peut même à certains instants tenir tête à un vent assez fort.

Cette belle expérience avait lieu le 24 septembre 1852. Trois ans plus tard, Giffard la reprenait sur une échelle plus considérable et confirmait ses premiers résultats.

Peu après il créait son injecteur et s'appliquait ensuite à construire de magnifiques ballons captifs de dimensions de plus en plus colossales, admirablement construits et manœuvrés par la vapeur. Mais les belles expériences de 1852 et 1855, qui cependant préoccupaient toujours son puissant esprit, ne furent pas reprises.

Quinze ans plus tard, la guerre que la France soutenait contre l'Allemagne ramenait l'attention sur les ballons et remettait en mémoire les services qu'ils avaient rendus à la défense nationale sous la première République. Aussi se mit-on avec ardeur à la création d'une aérostation militaire. Mais les services que l'aérostation devait rendre alors furent d'un ordre tout nouveau; car les reconnaissances militaires par ballons captifs, si bien préparées cependant pour l'armée de la Loire par MM. Tissandier frères, ne purent malheureusement être utilisées. Ce fut Paris seul qui bénéficia, et sous une forme toute nouvelle, de l'aérostation.

La capitale, séparée du reste du pays par un blocus rigoureux et implacable, ne dut qu'à l'emploi combiné des ballons et des pigeons de rester en communication avec la France. Soixante-quatre voyages aériens eurent lieu au-dessus des lignes prussiennes. Mais plusieurs de ces héroïques serviteurs de la patrie auxquels manquait la science aéronautique payèrent de leur vie leur beau dévouement. Parmi ces voyages, il convient de citer celui qui permit au Ministre de l'intérieur de sortir de Paris et donna à la France une voix qui releva son courage, l'enflamma de patriotisme et lui fit faire des efforts héroïques qui, s'ils ne purent lui donner la victoire définitive, sauvèrent du moins son honneur.

La science, elle aussi, voulut prendre sa part dans ces dévouements patriotiques. A la fin de décembre un grand phénomène astronomique devait se produire dans le bassin de la Méditerranée et au nord de l'Afrique. Notre Académie des sciences, toujours jalouse des intérêts de la science et de la part d'honneur national qui lui sont confiés, accueillit avec bienveillance la proposition d'un savant auquel elle avait déjà donné diverses missions et qui lui proposait de suivre la voie des airs pour franchir avec ses instruments les lignes de l'ennemi et aller représenter la France au rendez-vous que les nations savantes s'étaient donné à cette occasion.

Le départ eut lieu le 2 décembre, le jour même où Paris faisait un suprême effort pour briser le cercle de fer qui l'enserrait et où il déployait encore un héroïsme qui aurait pu être employé d'une manière plus fructueuse.

Mais il était écrit que la fortune de la France devait alors rester toujours voilée : l'état du ciel ne permit pas l'observation, et ce n'est que l'année suivante, aux Indes, que le savant dont nous parlons put constater la présence d'une dernière enveloppe solaire, l'atmosphère coronale, dont il avait espéré la découverte du phénomène algérien.

Ce siège mémorable amena une tentative nouvelle de navigation aérienne dirigée.

Elle était encore due à un grand ingénieur, mais à un ingénieur maritime, à Dupuy de Lôme, l'illustre créateur de notre flotte cuirassée.

Dupuy adoptait le ballonnet intérieur de Meusnier et s'en servait pour maintenir son ballon toujours gonflé; il avait, pour relier la nacelle du ballon porteur, imaginé un système funiculaire très ingénieux qui rendait l'ensemble absolument rigide.

Enfin toutes ces dispositions étaient savamment étudiées.

Dans l'essai qui fut fait en 1872, l'hélice était mue à bras d'hommes, ce qui ne pouvait être considéré comme un progrès, mais on sait que, dans l'esprit de l'auteur, il n'y avait là qu'un moyen transitoire de locomotion et non un système proposé comme définitif.

Nous arrivons maintenant à l'emploi de la force qui est la favorite de notre époque : à l'électricité.

MM. Tissandier frères, frappés des inconvénients de la machine à vapeur, qui déleste constamment le ballon par la consommation d'eau et de charbon qu'elle amène, ont eu la belle idée de recourir à l'électricité. Dans leur appareil celle-ci était fournie par une pile, et elle actionnait une machine dynamo-électrique. Par une série de dispositions très ingénieuses, bien étudiées et qui, toutes, avaient pour but de réduire le poids des appareils tout en conservant le maximum d'action, ils arrivèrent à construire un ballon allongé très maniable, très obéissant, avec lequel ils purent faire des évolutions variées, et même tenir tête au vent pendant quelques instants; en un mot démontrer la navigabilité et la vitesse propre de ce navire aérien ou *aéronat*, ainsi que j'ai proposé d'appeler les ballons destinés à se mouvoir dans l'atmosphère, tandis qu'il faut conserver celui d'*aérostat* à ceux qui ne font que s'y soutenir et y flotter.

L'électricité était entrée en navigation aérienne avec MM. Tissandier; elle s'y maintient. C'est à elle qu'eurent recours MM. Renard et Krebs à l'École aérostatique de Meudon pour les ascensions qui eurent un si grand retentissement.

Ces Messieurs, en s'inspirant des travaux de leurs prédécesseurs et plus spécialement de ceux de Dupuy de Lôme, obtinrent un ballon dirigeable qui réalisait un grand progrès. La résistance à la marche était très diminuée, la stabilité plus grande, le mouvement perturbateur de stabilité amoindri; enfin l'appareil pouvait réaliser — et c'est là le résultat le plus remarquable — une vitesse propre qui put arriver à dépasser 6 mètres par seconde; c'était près du double des vitesses obtenues jusque-là.

Souhaitons à l'établissement de Chalais de continuer dans une voie si brillamment ouverte.

Tel est, Messieurs, l'état de la question.

Vous voyez que nous n'avons encore que des expériences, mais elles sont pleines de promesses. Grâce aux efforts des savants et des ingénieurs français, grâce aux Guyton de Morveau, aux Meusnier, aux Giffard, aux Dupuy de Lôme, aux Tissandier, aux Renard et Krebs, des étapes fécondes ont été marquées sur la route qui doit nous conduire au succès définitif. Nous savons aujourd'hui qu'il est possible de construire une machine aéronautique douée d'une vitesse propre, de lui faire exécuter les évolutions voulues, de la conduire à un but déterminé, de la ramener même au point de départ si la vitesse du fluide qui la porte n'est pas supérieure à celle qui lui est propre et si sa réserve de force est suffisante.

Parallèlement à ces essais dirigés dans la voie des ballons, on n'a cessé d'en faire dans la voie plus difficile encore de ce qu'on nomme l'*aviation*, c'est-à-dire dans celle des appareils qui, à l'exemple de l'oiseau, veulent se soutenir et progresser par le seul effort mécanique.

C'est dans cette voie, comme nous l'avons vu, que l'homme a commencé ses essais dans le domaine aérien, et c'est là aussi qu'il a rencontré tant de mécomptes et payé si chèrement son audace et son ignorance.

Mais la question a été reprise par des esprits distingués armés des connaissances scientifiques, et les études se poursuivent en suivant la voie plus lente, mais sûre, de l'expérience et du calcul.

Dans cette direction, il serait impossible d'analyser tous les essais si nombreux et de genres si divers qui ont été tentés.

Les uns, comme Launay et Bienvenu, Ponton d'Amécourt, de la Landelle et Nadar, préconisent l'emploi de l'hélice ascensionnelle.

D'autres, comme du Temple, Penaud, veulent trouver dans l'emploi des surfaces plus ou moins voisines du plan et dans les réactions mécaniques qu'elles produisent en présence de l'atmosphère le principe de leurs appareils.

Enfin on a réalisé aussi de très intéressantes imitations d'oiseaux mécaniques, et, dans cette direction, il convient de citer les savantes recherches de MM. Marey, Hureau de Villeneuve, Penaud jeune, savant de grand avenir dont la carrière a été si prématurément brisée.

Cette partie de la science est nécessairement moins avancée puisque, comme nous avons déjà eu occasion de le constater, le problème est ici d'une solution plus difficile encore. Les générateurs de force qui auront à produire et à maintenir longtemps les efforts considérables nécessaires pour soutenir et faire progresser l'appareil aérien devront être plus puissants et plus légers encore que ceux que réclament les ballons et qui cependant n'ont pas été réalisés.

Gardons-nous toutefois de conclure que l'avenir n'est pas de ce côté.

La science ne permet pas ces *a priori* et nous ne savons pas si une découverte imprévue sur un mode d'obtenir une énergie mécanique extrêmement considérable sous un poids très faible ne viendra pas tout-à-coup donner la supériorité aux appareils d'aviation. Tout ce qu'on peut affirmer, c'est que l'aéronautique devait commencer comme elle l'a fait par les ballons, et cette proposition est encore vraie aujourd'hui.

Messieurs, peut-être l'avenir verra-t-il ces deux grandes formes de la navigation aérienne employées concurremment suivant les circonstances. Je serais, pour mon compte, tout à fait porté à le croire.

Nous ne nous occupons ici, Messieurs, que de l'aérostation considérée dans ses progrès et non dans ses applications. Aussi ne pouvons-nous que rappeler en passant les noms de Robertson, Biot, Gay-Lussac, Bixio et Barral, Welsh, Glaisher et Coxwel, de Fonvielle, Flammarion, Jobert, Albert et Gaston Tissandier, Sivel, Crocé-Spinelli, qui ont mis l'aérostation au service de la science et dont plusieurs ont été martyrs. Je dis « martyrs », car tous nous nous rappelons encore le drame du *Zénith* et l'héroïque dévouement des trois derniers savants que je viens de citer, qui ont voulu parvenir aux régions de notre atmosphère les plus hautes qui aient été explorées et dont M. G. Tissandier, par un miracle que nous bénissons, est seul revenu.

Tel est, Messieurs, le tableau bien imparfait, bien incomplet et où j'ai dû omettre bien des tentatives intéressantes et des noms méritants, des efforts qui ont été faits pour commencer la conquête de ce troisième domaine de l'homme dont je parlais au début de ce discours.

Ces efforts et ces résultats, Messieurs, sont très diversement appréciés. Les uns, pleins d'enthousiasme et de confiance, voient la conquête comme déjà presque réalisée; les autres, bien plus nombreux, estiment que ces tentatives sont au-dessus des forces de l'homme et ne sont pas destinées à un succès définitif.

La vérité, Messieurs, j'en suis convaincu, est entre ces deux opinions extrêmes et beaucoup plus près de la première que de la seconde.

La multiplicité des tentatives, la difficulté et la lenteur avec lesquelles les résultats ont été obtenus, ne doivent ni nous décourager ni nous effrayer.

L'histoire des travaux et des luttes que l'homme a eu à soutenir dans chacune de ses conquêtes sur la nature nous instruit à cet égard.

Mesurez, en effet, le temps qu'il a fallu à l'homme pour asseoir la navigation maritime sur ses bases actuelles, depuis le moment de ses premières tentatives jusqu'à notre époque; depuis le radeau et la pirogue jusqu'à ces grands paquebots qui emportent à travers les océans, avec la vitesse d'une locomotive et sans se soucier ni des vents contraires ni des tempêtes, un chargement et une population qui offre l'image et la réduction d'une de nos grandes cités avec sa vie, ses habitudes et tous les raffinements de son luxe et de ses plaisirs; et demandons-nous si nous sommes en retard pour la solution du problème de la navigation aérienne infiniment plus difficile que l'autre et qui est posé seulement depuis un siècle.

Non, nous ne sommes pas en retard, et il y a plus. Malgré la difficulté du problème, la conquête de l'atmosphère ne demandera pas un temps comparable à celui que l'homme a employé à réaliser celle de la mer. L'admirable développement des sciences et la puissance des moyens industriels dont nous disposons hâteront singulièrement la solution.

Pour revenir à cette navigation maritime qui est comme notre point de départ et notre modèle, voyez la lenteur des premiers progrès et, peu à peu, à mesure que l'homme s'éclaire et dispose de moyens plus puissants, considérez la rapidité toujours croissante des transformations.

Après avoir mis tant de siècles pour parvenir à la dernière expression du navire à voiles, il n'en a pas fallu un seul pour opérer l'étonnante révolution réalisée par l'application de la vapeur.

Aujourd'hui, quelle chose est impossible à l'homme? Il élève des tours qui touchent aux nuages, il perce des montagnes et des isthmes, il se joue des océans et des tempêtes, il déplace avec des fils le siège des forces naturelles et sa pensée fait le tour de la terre.

Oui, Messieurs, le xxe siècle auquel nous touchons et dont nous pouvons dès maintenant saluer l'aurore, verra réalisées les grandes applications de la navigation aérienne et l'atmosphère terrestre sillonnée par des appareils qui en prendront définitivement possession, soit pour en faire l'étude journalière, soit pour établir sur le globe des communications qui se joueront des accidents de sa surface.

La France, qui a été jusqu'ici l'initiatrice des grands progrès scientifiques et humanitaires, ne peut se désintéresser d'une question qui est née chez elle, qui a été posée par deux de ses enfants, qu'elle a poursuivie, conduite presque seule au point où nous la voyons aujourd'hui.

Sans doute le problème présente de grandes difficultés, mais elles ne sont pas actuellement au-dessus du pouvoir de la science et des forces de l'industrie.

Mais il est nécessaire que la question attire l'attention et les efforts des physiciens, des mécaniciens, des ingénieurs.

C'est de ce concours bien concerté et longtemps soutenu qu'on doit attendre les progrès qui formeront les étapes successives et nécessaires de la solution du grand problème.

Messieurs, en formulant ces vœux pour que la grande œuvre qui nous occupe reçoive chez nous sa solution définitive, je n'oublie pas que je parle devant les représentants de la France littéraire et savante, devant son élite. Aussi est-ce de votre concours, du concours de la France tout entière que nous attendons le grand résultat que nous espérons. Partout, en effet, Messieurs, l'activité intellectuelle renaît chez nous, partout on voit les hommes d'étude se grouper, s'unir, et tendre à reformer ces centres intellectuels qui avaient donné tant de force et tant d'éclat à l'ancienne France. C'est, Messieurs, que notre chère patrie, sûre désormais de cette unité nationale, œuvre du temps, mais que des fortunes si diverses et des épreuves inouïes ont depuis un siècle encore resserrée et rendue plus indissoluble s'il était possible, veut se ressaisir elle-même et reprendre cette activité et cette vie générale qu'elle sent devoir être un des plus puissants facteurs du rajeunissement de ses forces et de son action dans le monde.

Revenons donc, Messieurs, à nos anciennes et glorieuses traditions en demandant non seulement à notre Gouvernement, à nos pouvoirs publics, mais à la France tout entière de s'emparer d'une question qui intéresse son honneur et sa gloire. Dans la distribution mystérieuse des rôles que les nations reçoivent pour l'accomplissement des destinées de l'humanité, la France a été élue pour voir sur son sol l'aurore de cette ère d'un monde nouveau. Elle ne faillira pas à ce mandat qui est dans son génie, dans son histoire, dans ses destinées.

DISCOURS DE M. LÉON BOURGEOIS.

DISCOURS DE M. LÉON BOURGEOIS.

Messieurs,

Pour la première fois, le Congrès des Sociétés savantes tient sa séance solennelle dans la grande salle de la nouvelle Sorbonne. Votre place était bien ici; et lorsqu'un grand artiste a peint cette fresque admirable d'où descendent sur nous la douce lumière d'un ciel pur et l'air léger des forêts, il semble que c'est à vous qu'il songeait et qu'il a composé son œuvre pour vous souhaiter la bienvenue.

Dans cette clairière du bois sacré où viennent expirer les agitations et les intérêts du monde extérieur, dans cette enceinte pacifique que domine la grave et douce image de la Sorbonne vénérable et toujours jeune, les sciences et les lettres se sont réunies d'elles-mêmes et groupées harmonieusement; les unes demandent à la terre et à la mer leurs mystérieuses richesses, poursuivent l'étude des nombres et des figures, ou recherchent les lois de la force, de la lumière et de la vie; les autres interrogent les ruines laissées par l'homme, réveillent son passé, disent ses douleurs et ses espérances; d'autres enfin recueillent et résument toutes les connaissances et tentent les synthèses suprêmes. Ainsi, loin des misères et des laideurs, toutes vivent leur noble vie, toutes sont libres et sereines. Dans l'égale clarté qui les baigne et donne à leurs corps je ne sais quelle transparence surhumaine, aucune ombre ne jette sa tristesse; et rien n'agite ni ne trouble la source limpide où, près d'elles, vient boire avidement la jeunesse et vers laquelle se penche la vieillesse aux mains tremblantes, pour se désaltérer encore une fois, le dernier jour.

Messieurs, n'est-il pas vrai que le grand peintre et que le grand poète auquel la France doit cette page a fait ainsi de votre réunion le plus juste et le plus éloquent tableau? C'est bien la liberté et la sérénité de la science que vous représentez ici.

C'est librement que chacun de vous, dans des conditions parfois difficiles, souvent dans une petite ville éloignée de grandes collections, dénuée des puissants instruments du travail scientifique moderne, a entrepris son œuvre personnelle; aucun programme ne lui a été fixé, aucun but n'a été imposé à ses efforts, aucune limite à sa pensée. Vous n'avez connu qu'une règle, et c'est vous-mêmes qui vous l'êtes donnée; vous n'avez eu qu'un souci, un souci volontaire et plein de noblesse, celui du progrès de la science.

C'est librement aussi que vous venez ici apporter les résultats obtenus et demander sur eux le jugement de vos égaux ou des maîtres aimés de vous.

Et si vous revenez ainsi, chaque année, avec la même confiance, c'est que vous connaissez l'accueil qui vous sera fait; c'est que vous savez bien qu'ici le respect absolu de la conscience du savant est observé; qu'ici règne une seule passion, la plus noble et la plus pure, la passion de la liberté de l'esprit humain, et que, comme dans la fresque de Puvis de Chavannes, une lumière égale tombera sur toutes les œuvres, celle de l'impartiale, de l'éternelle vérité.

Messieurs, l'objet de l'œuvre poursuivie en commun par vous et par nous est bien celle de la recherche du vrai, de la recherche indépendante et désintéressée.

C'est ce caractère qui donne au Congrès des Sociétés savantes sa vitalité, sa grandeur et sa noblesse. C'est lui qui en fait une des institutions nécessaires de la République.

Soyez assurés que l'État républicain ne voudra rien changer à cette féconde organisation; ne craignez pas qu'une règle imposée soit en aucun cas substituée à ces rapports si larges et si heureux, fondés uniquement sur le consentement de tous. Au moment où nous souhaitons si ardemment voir la décentralisation intellectuelle trouver dans de grands foyers universitaires les conditions de son existence et de son développement, nous saluons avec joie cette sorte de grande Université libre que vous formez annuellement ici, et où éclate avec tant de force ce que peuvent donner à un pays l'indépendance des esprits et l'union des volontés.

Messieurs, aux deux côtés de la figure symbolique de la Sorbonne, le maître vers lequel se reportent nécessairement encore nos yeux et nos pensées a placé deux figures d'éphèbes, « génies porteurs de palmes et de couronnes, hommage aux vivants et aux morts glorieux ».

L'hommage aux vivants, je serais heureux de pouvoir l'étendre; je le rendrai du moins d'une manière plus particulière à trois d'entre vous, Messieurs, auxquels M. le Président de la République a bien voulu, sur ma demande, accorder la croix de la Légion d'honneur.

La santé de M. Lebègue le retient par malheur loin de nous; mais le souvenir vous est présent à tous des belles fouilles qu'il a exécutées à Martres-Tolosane. Vous n'ignoriez pas, on n'ignorait pas surtout dans la région toulousaine, que l'emplacement sur lequel M. Lebègue a effectué ses travaux avait contenu des richesses archéologiques et artistiques d'un haut intérêt. Mais, après quelques fouilles, déjà fructueuses, ce terrain avait été abandonné. M. Lebègue n'a pas cru que les recherches d'autrefois eussent fait sortir de ce sol tout ce qu'il en contenait, et sa perspicacité ne l'a pas trompé. Après tout ce qui en avait été extrait, il a su encore y trouver une si riche collection qu'elle formera presque un musée spécial dans le Musée de la ville de Toulouse.

Ce n'est pas dans le sol que fouille M. Durieux; mais ses trouvailles n'en sont pas pour cela moins heureuses. A l'affût de tous les documents qui peuvent nous renseigner sur notre art français, il apporte depuis un grand nombre d'années des lectures d'un vif intérêt à la Section des Beaux-Arts de votre Congrès. Son concours est celui d'un véritable érudit, doublé d'un littérateur distingué. Vous applaudirez, j'en suis sûr, à la distinction qui lui est accordée et qui depuis longtemps était demandée pour lui.

Vous serez heureux aussi, certainement, de la voir donner à M. de Morgan, à qui la Société de géographie, en 1891, a décerné le prix Devez pour sa belle mission de Perse. On sait quels ont été les résultats de ce voyage de vingt-six mois fait par M. de Morgan dans les parties les plus difficiles de la Perse, et quels documents intéressants il en a rapportés pour la géographie, l'archéologie, l'ethnographie et l'histoire naturelle de vastes provinces jusque-là presque entièrement inexplorées. M. de Morgan est aujourd'hui en Égypte, et nous comptons sur son activité, son énergie, sa science remarquable des fouilles pour maintenir au plus haut point le succès de la grande entreprise du Musée de Ghizeh, à la création et au développement duquel les noms français de Mariette, de Maspero et de Grébaut sont attachés. Il sera soutenu dans sa tâche par le témoignage de haute estime que lui donne aujourd'hui devant vous le Gouvernement de la République.

MESSIEURS,

Il est une distinction qui s'adresse à un absent, qui n'est pas donnée par la France et que cependant vous m'approuverez tous d'avoir rendue publique à cette séance. J'ai reçu de M. le Ministre de France à Stockholm, pour être remise à notre compatriote le capitaine Binger, la médaille d'or intitulée *Prix de la Vega*, et fondée à la suite du voyage de Nordenskiold autour du continent asiatique par la Société suédoise d'anthropologie et de géographie.

Cette médaille est conférée seulement aux explorateurs des régions les moins connues du globe. Elle a été attribuée successivement, depuis 1881, à Nordenskiold, à Stanley, à M. Prewalsky, à M. Yunker, au voyageur norvégien Nansen et à Emin-Pacha.

Elle n'est pas donnée tous les ans : la Société attend qu'une exploration présente un caractère suffisant d'importance et d'utilité pour l'avancement des études géographiques. La valeur de cette distinction est donc des plus grandes, et elle est encore rehaussée par les termes dans lesquels l'illustre Nordenskiold, président de la Société, en a fait la remise, en reconnaissant hautement « les qualités d'exactitude et de précision, en même temps que l'esprit vraiment humain et civilisateur qui distinguent les explorateurs français ». Messieurs, je suis certain d'être votre interprète en envoyant au capitaine Binger, au pays d'Assinie, où il poursuit la périlleuse délimitation de nos frontières, ce souvenir reconnaissant de la Patrie.

MESSIEURS,

L'année qui vient de s'écouler nous a fourni, comme les précédentes, sa part de deuil et de regrets.

C'est ainsi que la Société de géographie a eu à déplorer la mort de M. H. Duveyrier, qui s'était fait un nom illustre dans l'étude de la géographie africaine.

Tout jeune encore, en 1859, M. Duveyrier visita le désert : il alla du sud de l'Atlas jusqu'aux environs de Rhât et eut la gloire d'être, après Barth, un des premiers explorateurs de cette région dont il détermina la géographie, relevant avec une merveilleuse précision les accidents du terrain, les pâturages, les cours d'eau temporaires. D'autres ensuite ont exploré les mêmes lieux; mais Duveyrier semblait ne leur avoir rien laissé à faire : ils n'ont pu que reconnaître l'exactitude rigoureuse des renseignements donnés par lui. Son autorité était telle que, quarante ans écoulés, il était encore le guide et le conseil de toute exploration nouvelle.

M. Baudrillart, dans un autre ordre d'idées, tenait une place aussi considérable. Philosophe et historien, il avait orienté ses études vers les sciences économiques et professait au Collège de France lorsque l'Académie mit au concours la question des *Rapports de la morale avec l'économie politique*. Tenté par un sujet qui rentrait si nettement dans la catégorie de ses recherches préférées, M. Baudrillart présenta un mémoire et obtint la première récompense. Dès ce jour, la direction de toute sa vie fut fixée : voyant dans l'économie politique la science maîtresse en qui réside la loi des destinées humaines et qui doit nécessairement diriger, pour la rendre progressive et féconde, l'évolution lente des races, il poursuivit avec un zèle ardent l'enquête que l'Académie l'avait chargé de faire sur les populations agricoles de la France. Pénétrer dans les chaumières, surprendre le fonctionnement économique et moral de la famille rurale, comparer le présent au passé, cette multiple et délicate mission fut accomplie par lui avec un soin jaloux et une clairvoyante sagacité.

Toutefois son esprit curieux ne se limita pas aux obligations étroites d'un mandat déterminé; il suffira de rappeler son *Histoire du luxe* pour montrer l'étendue de son activité intellectuelle et l'infatigable ardeur avec laquelle il savait aborder les sujets les plus divers et les plus vastes.

Il convient de rapprocher son nom de celui d'un savant éminent qui, lui aussi, ne voulut jamais demeurer prisonnier d'un seul ordre de travaux. Qui sut, plus que M. Maury, dépasser l'horizon toujours un peu étroit des spécialités scientifiques et donner pleine carrière à toutes ses facultés? Tour à tour géologue, philologue, numismate, archéologue, historien et philosophe, il avait une compétence en quelque sorte universelle. Il suffit, pour s'en convaincre, d'énumérer ses ouvrages. Ce sont d'abord des études mythologiques et légendaires : les *Fées du moyen âge*, les *Croyances et Légendes de l'antiquité*, l'*Histoire des religions de la Grèce antique*, *La Magie et l'Astrologie dans l'antiquité et au moyen âge*. Puis vient un résumé, resté classique, de l'état des sciences géologiques et anthropologiques, intitulé : *la Terre et l'Homme* et une *Histoire des forêts de la France*.

M. Maury étudia aussi les Académies d'autrefois, et, pour obéir sans doute aux suggestions de la sagesse antique, il s'étudia lui-même en un livre extrêmement intéressant, plein d'observations personnelles et dont le titre, *le Sommeil et les Rêves*, trahit bien les tendances.

Étudier, apprendre toujours, apprendre encore, tel a été le but de sa vie. Membre de l'Institut, professeur au Collège de France, directeur des Archives, il demeurait quand même un étudiant dans l'acception la plus large et la plus noble du mot. « Il avait fait tout son bonheur des jouissances secrètes que donne le travail, a dit de lui M. G. Boissier; il n'était sensible qu'à une joie : celle de savoir. C'est ce qui a fait parmi nous l'originalité de sa figure. »

Cette joie de savoir, cette variété de conceptions et d'efforts est aussi l'un des traits caractéristiques de la grande figure de M. de Quatrefages. Docteur ès sciences mathématiques, docteur en médecine, docteur ès sciences naturelles, il parcourut le cercle de toutes les connaissances avant d'aborder les études spéciales qui l'ont illustré, dans cette chaire d'anthropologie du Muséum où il devait défendre, pendant près de quarante années, la théorie, qui lui était chère, de l'unité de l'espèce humaine. C'est à lui que l'on doit la magnifique collection anthropologique que le Muséum possède aujourd'hui, et qu'il créa en luttant contre des difficultés d'installation qui auraient découragé une foi moins robuste, un dévouement moins grand.

La liste de ses ouvrages serait longue : orateur élégant, polémiste courtois, écrivain distingué et plein de charmes, ainsi qu'en témoigne son livre : *Souvenirs d'un Naturaliste,* il fut en même temps un maître de la philosophie scientifique.

Depuis ses premières recherches sur la constitution, le développement et la reproduction des Annélides jusqu'aux dernières leçons professées par lui à plus de quatre-vingts ans avec toute la verve, toute l'ardeur de la première jeunesse, il n'a cessé de traiter les sujets les plus divers, d'aborder les problèmes les plus profonds avec une méthode égale et une égale pénétration. Toutes les sciences éveillaient son intérêt, sollicitaient son activité, et son autorité était si haute que Darwin a pu dire de lui : « J'aime mieux être critiqué par M. de Quatrefages que loué par tout autre ».

Il est un dernier nom qui est présent à vos esprits, c'est celui du marin illustre que l'Académie des sciences et l'Académie française avaient voulu compter parmi leurs élus. L'amiral Jurien de la Gravière ne nous appartint que peu de temps comme président de la Section de géographie historique et descriptive, et vous savez tous avec quelle distinction il en dirigea les travaux. Je ne puis retracer ici la noble vie de ce savant et de ce soldat; mais j'ai voulu saluer avec vous cette grande figure militaire : il m'a semblé nécessaire que mon dernier mot fût pour elle, car elle incarne admirablement le sentiment qui vous anime tous, celui qui fait la grandeur de votre œuvre commune, le dévouement également passionné à la Science et à la Patrie.